Diese Seite wurde absichtlich leer gelassen.

DIE

Bucket List

FÜR PAARE

111 DINGE, DIE JEDES PAAR EINMAL GETAN HABEN MUSS

Impressum

1. Auflage Januar 2020

Herausgeber:
Nina Schmidt
Waitzstraße 60
24105 Kiel

Satz: Nina Schmidt

Coverdesign: Nina Schmidt

ISBN: 9781657328785

Printed in Germany

"Liebe besteht nicht darin, dass man
einander ansieht, sondern dass man
gemeinsam in die gleiche
Richtung blickt."
[Antoine de Saint-Exupéry]

Widmung

Kurze Erklärung und Anleitung

Ganz egal, wie ihr auf dieses Buch gestoßen seid, heute ist euer Glückstag! Dieses Buch beinhaltet nicht einfach nur 111 tolle und spannende Aktivitäten, es hat auch Superkräfte. Ja, ihr habt richtig gelesen! Bevor ihr jetzt das Buch wieder zuklappt und einen Streit mit eurem Partner anzettelt, was für ein Müll gekauft wurde, bitte Ich euch, euch wirklich auf dieses Buch einzulassen.

Ganz egal ob ihr noch am Anfang eurer Beziehung steht oder schon alte Hasen in dem Business seid, ganz gleich wie harmonisch eure Beziehung ist oder wie oft die Fetzen fliegen, dieses Buch kann euch dabei helfen, euch gegenseitig noch besser kennenzulernen und die Beziehung noch aufregender und schöner zu gestalten.

Die ersten beiden Seiten beinhalten ein paar kurze Fragen zum Ausfüllen über euch beide. Keine Sorge, alles ganz easy cheesy. Die beantwortet ihr am besten als erstes, klebt ein hübsches und ein nicht ganz so hübsches Foto von euch ein und dann kann es auch schon losgehen!

Das Buch enthält 111 kleinere und größere Aufgaben, von denen ihr hoffentlich den größten Teil erfüllen werdet. Einige Aufgaben sind abenteuerlich, andere romantisch und auch die erotischen Aufgaben kommen nicht zu kurz. Lasst Mutti also vielleicht das Buch durchblättern, bevor ihr einen Haken bei diesen Aufgaben gesetzt habt.

Eine Regel für das Ausfüllen dieses Buches: Lasst euch Zeit! Es geht hier nicht darum, Rekordhalter im Hakensetzen zu werden. Das Buch soll euch euer Leben lang begleiten und gepflegt werden. Nur so kann es wirklich seine Superkraft entfalten und eure Beziehung nachhaltig bereichern.

Auch wenn ich schon ziemlich viele Punkte abgegrast habe, will ich eurer Kreativität natürlich nicht im Weg stehen. Deshalb gibt es am Ende noch eine Liste, auf der ihr eure eigenen ToDo`s ergänzen könnt.

Also, worauf wartet ihr noch? Viel Spaß mit dem Buch & Cheers auf eine wunderbare Beziehung!

Das sind wir!

Dieses Buch wird ausgefüllt von:

____________________ & ____________________.

Seit diesem Tag sind wir ein Paar:

________________________.

Hier haben wir uns kennengelernt:

____.

Den ersten Schritt hat ____________________gemacht.

Hier haben wir uns das erste mal geküsst:

____.

In der Beziehung hat

- ☐ Er die Hosen an.
- ☐ Sie die die Hosen an.
- ☐ jeder ein Hosenbein an.

Das war das lustigste, das uns bisher in unserer Beziehung passiert ist:

____

____

____

____

______________________________________.

Das war das schönste Erlebnis, das wir bisher gemeinsam erlebt haben:

____

____

____

____

______________________________________.

Das liebe ich am meisten an ihm:

____

____

____

_______________________________________.

Und das liebe ich am meisten an ihr:

Das war das Schönste, was er mir bisher gesagt hat:

Und das war das Schönste, was sie mir bisher gesagt hat:

Hier sehen wir uns in 10 Jahren:

Say Cheeeeeese: Das ist unser schönstes Foto:

Und das ist unser lustigstes Foto:

So, jetzt geht`s aber wirklich los:

Hier kommen 111 Dinge, die eure Beziehung noch süßer machen!

XOXO

1. Eine Bucket List erstellen.

SUPER, DER ANFANG IST GEMACHT. JETZT KANN'S RICHTIG LOSGEHEN!

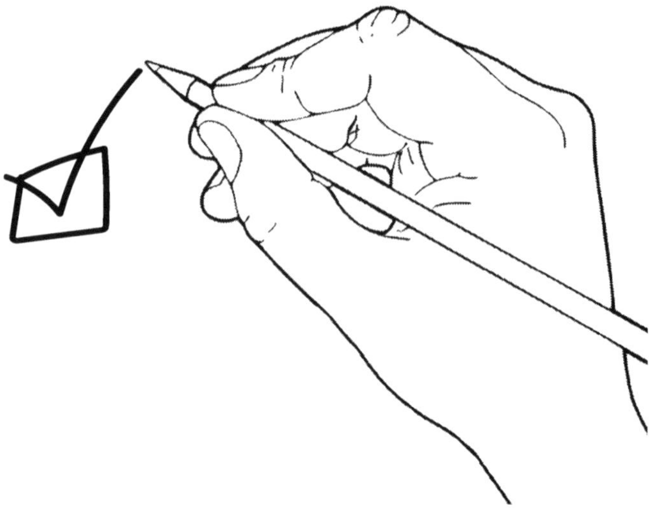

Jetzt wird's romantisch: Es ist Dating-Zeit!

2. Alles auf Anfang: Habt euer erstes Date zum zweiten Mal. ☐

Das war unser erstes Date: ______________________________

______________________________.

3. Hoch hinaus: Habt ein Dinner/Drinks auf einem Rooftop. ☐

4. Let's stay in bed: Bestellt euch Essen und esst es im Bett. ☐

IST DAS BETTLAKEN SAUBER GEBLIEBEN?

☐ JA ☐ NEIN

5. Date im Grünen: Macht ein Picknick. ☐

Hier haben wir unser Picknick gemacht:

____.

6. Jetzt wird's kuschelig: Macht ein romantisches Lagerfeuer. ☐

Hier haben wir das Lagerfeuer gemacht:

____.

7. ROMANTIK PUR: SCHAUT EUCH ZUSAMMEN EINEN SONNENAUFGANG UND -UNTERGANG AN. ☐

Hier haben wir uns den Sonnenaufgang angeschaut:

--.

Hier haben wir uns den Sonnenuntergang angeschaut:

--.

8. Double Trouble: Geht auf ein Doppel-Date. ☐

Wir haben das Date mit ______________ & ______________ verbracht und Folgendes unternommen:

______________________________.

9. Good old memories: Besucht noch einmal den Ort, an dem ihr euch kennengelernt habt. ☐

HIER HABEN WIR UNS KENNENGELERNT:

______________________________.

10.Backt to the roots: Besucht eure Geburtsorte /Orte an denen ihr aufgewachsen seid. ☐

Hier sind wir geboren:

Sie: ______________________________.

Er: ______________________________.

Hier sind wir aufgewachsen:

Sie: ______________________________.

Er: ______________________________.

11. SONNE, MOND UND STERNE: VERBRINGT EINE NACHT UNTER FREIEM STERNENHIMMEL. ☐

Hier haben wir die Nacht verbracht:

______________________________.

12. Das perfekte Dinner: Kocht gemeinsam ein Essen für Freunde. ☐

Das haben wir gekocht: --

--.

Für: ---.

13. Dinner Time: Zaubert euch gegenseitig ein 3-Gänge-Menü. ☐

DAS HABE ICH FÜR IHN GEKOCHT:

---.

DAS HABE ICH FÜR SIE GEKOCHT:

---.

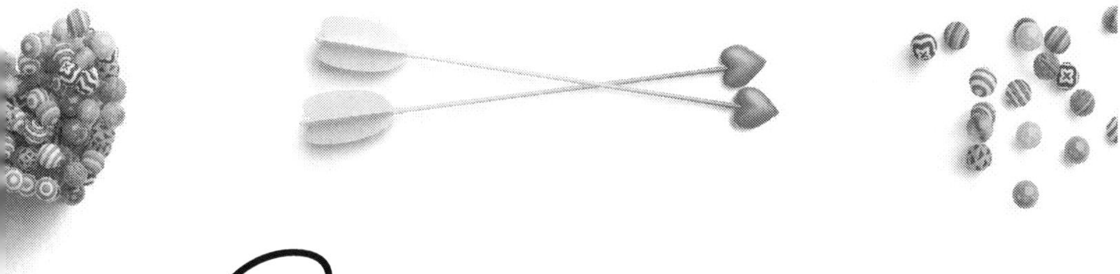

Sweet like a candy

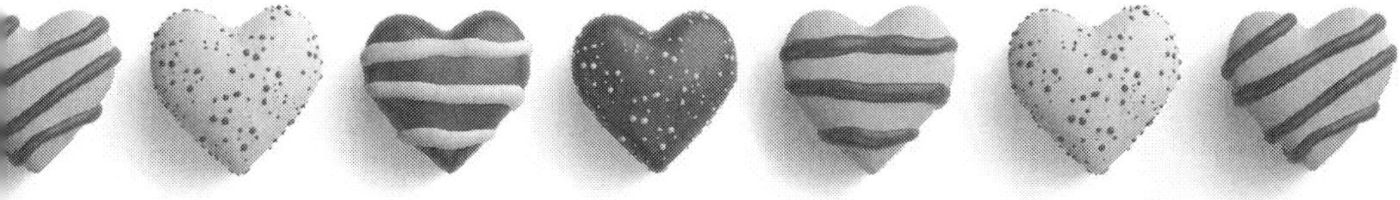

14. MAUSI, HASI, SCHATZI: GEBT EUCH GEGENSEITIG KOSENAMEN. ☐

Sie lauten:

________________ & ________________.

15. Das schönste auf der Kirmes: Fahrt Riesenrad und küsst euch am höchsten Punkt. ☐

16. Genießt das Meeresrauschen: Sammelt bei einem Strandspaziergang gemeinsam Muscheln. ☐

17. I LOVE YOU: SCHREIBT EUCH GEGENSEITIG EINEN LIEBESBRIEF. ☐

Legt sie in einen Umschlag und klebt ihn hier ein:

18. Früher war alles besser: Macht die Dinge füreinander, die ihr früher oft für den Anderen gemacht habt, die aber in Vergessenheit geraten sind. ☐

Das habe Ich früher oft für Ihn gemacht:

____

__________________________________.

Das habe Ich früher oft für Sie gemacht:

____

__________________________________.

19. Disney für Erwachsene: Habt einen Spaghetti-Kuss wie Susi und Strolch. ☐

20. TROTZT DEM WETTER: KÜSST EUCH IM REGEN. ☐

21. Verewigt eure Liebe: Ritzt eure Initialen in einen Baum ☐

HIER STEHT UNSER BAUM:

__________________________________.

22. 3 WORDS: BESCHREIBT EUCH GEGENSEITIG IN NUR DREI WORTEN. ☐

Diese Worte haben ich für Ihn gewählt:

____________, ____________, ____________.

Diese Worte habe ich für Sie gewählt:

____________, ____________, ____________.

23. Oh Paris, die Stadt der Liebe: Küsst euch vor dem Eiffelturm. ☐

FOTOBEWEIS:

24. Perfekter Start in den Tag: Bringt eurem Partner Frühstück ans Bett. ☐

25. PSSST! ERZÄHLT DEM PARTNER EIN GEHEIMNIS VON EUCH, DAS ER NOCH NICHT KANNTE. ☐

DAS WAR IHR GEHEIMNIS:

____

____.

UND DAS WAR SEIN GEHEIMNIS:

____

____.

26. Happy New Year: Küsst euch ins neue Jahr. ☐

IT'S
GETTIN'
HOT IN
HERE!

27. Wozu hat man denn einen Führerschein? Habt Sex im Auto. ☐

28. VERSPANNUNGEN ADÉ: MASSIERT EUCH GEGENSEITIG MIT ÖL. ☐

29. Let's get naked: Verbringt einen Tag ohne Kleidung zuhause. ☐

18+

30. DILDO PARTY? KAUFT EUCH EIN NEUES SEXSPIELZEUG UND PROBIERT ES AUS. ☐

Das haben wir gekauft: ________________________.

Bewertung auf einer Skala von 1-10: ______.

31. KAMASUTRA AT IT'S BEST: PROBIERT EINE NEUE SEXSTELLUNG AUS. ☐

Diese Stellung haben wir ausprobiert:

Name: ________________________________.

Skizze:

Bewertung auf einer Skala von 1-10 :____.

32. Lasst euch nicht verhaften: Habt Sex in der Öffentlichkeit. ☐

Hier haben wir es getan:

____

______________________________.

18+

33. ROLLENSPIEL? GIVE IT A TRY! ☐

Das haben wir gemacht: ________________

______________________________.

34. Höhepunkt am selben Punkt: Habt gleichzeitig einen Orgasmus. ☐

SO LANGE HABEN WIR GEBRAUCHT: ______________.

18+

35. Setzt euer Pokerface auf: Spielt Strip-Poker gegeneinander. Wer zuerst nackt ist, hat verloren. ☐

WER HATTE DAS BESSERE POKERFACE?

________________.

36. ES WIRD ZEIT FÜR NEUE INSPIRATIONEN: SCHAUT EUCH GEMEINSAM EINEN PORNO AN. ☐

37. I just wanna make you sweat: Geht zusammen in die Sauna. ☐

38. Habe ich da Magic Mike gehört? Legt für euren Partner eine Stripshow hin. ☐

39. Mach ihn verrückt: kaufe neue Dessous und überrasche ihn. ☐

40. Surprise: Mach' den Nackten Mann und überrasche sie. ☐

KAM DER NACKTE MANN ZUM ZUGE?

☐ JA ☐ NEIN

41. TAPETENWECHSEL: VERBRINGT EINE NACHT IN EINEM HOTEL IN EURER STADT.

42. Fuck the police: Geht im Urlaub nachts Nacktbaden.

HIER SIND WIR NACKTBADEN GEWESEN:

____.

43. Bekennt mal Farbe: Macht euch gegenseitig ein Bodypainting.

44. FUßFETISCHISTEN AUFGEPASST: MASSIERT EUCH GEGENSEITIG DIE FÜßE.

Ob diese Aufgabe in der richtigen Kategorie steht, müsst ihr selbst entscheiden...

45. Denkt dran die Fenster zu schließen: Habt Sex in jedem Zimmer eurer Wohnung/Haus.

46. Bubble Bath Time:

Nehmt zusammen ein Schaumbad. ☐

47. Dreier? Giveit a try. ☐

Name der dritten Person:

_________________________.

Bewertung auf einer Skala von 1-10:

__________.

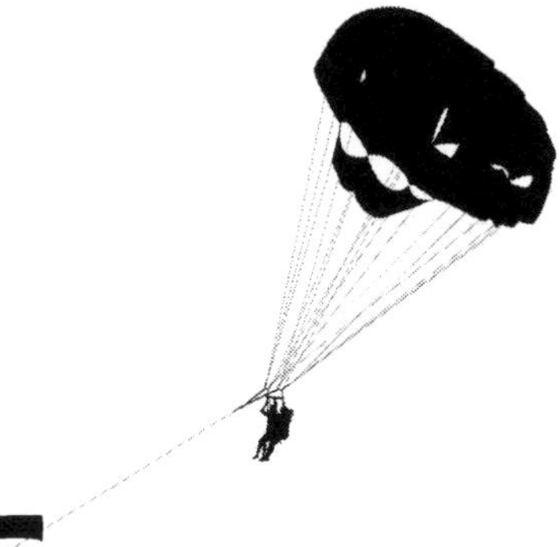

JETZT WIRD'S ABENTEUERLICH

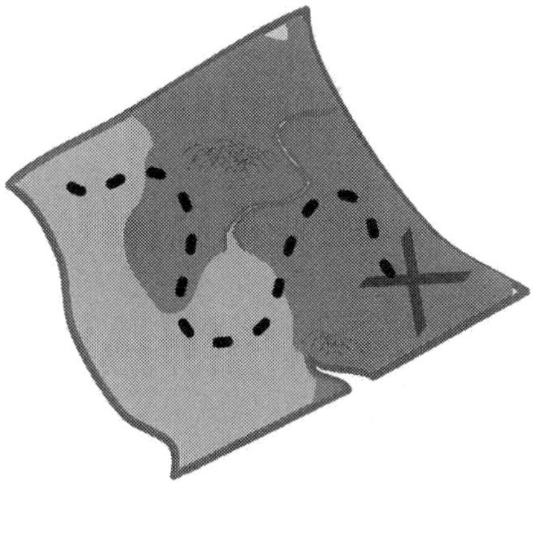

48. Adrenalinschub-Garantie:
Geht zusammen Fallschirm springen/ Bungee jumpen. ☐

49. Hoch hinaus: Macht zusammen einen Ausritt auf Pferden. ☐

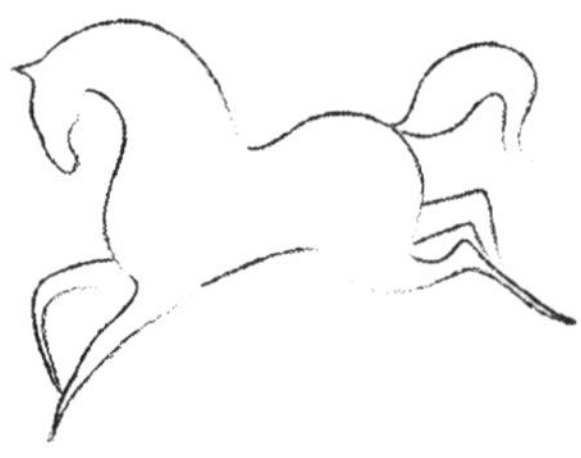

50. Einmal die innere Ruhe zum Mitnehmen: Probiert zusammen Yoga aus. ☐

51. Strengt eure Gehirnzellen an: Geht zusammen in einen Escape Room. ☐

Habt ihr es alleine raus geschafft?

☐ Ja ☐ Nein

52. LET'S FIGHT! SPIELT PAINTBALL GEGENEINANDER. P.S. FÜR DIE SOFTIES GEHT AUCH LASERTAG. ☐

Gewonnen hat: ______________________________.

Die meisten blauen Flecken hatte:

______________________________.

53. Strike! Geht zusammen Bowlen. ☐

And the winner was: ____________________.

54. Luft und Liebe: Macht eine Fahrt im Heißluftballon. ☐

55. PACKT EURE DRAHTESEL AUS: MACHT EINE SPONTANE FAHRRADTOUR. ☐

56. Einmal abzappeln, bitte: Besucht einen Tanzkurs. ☐

In diesen Tänzen sind wir jetzt echte Profis:

______________________________.

57. Roller Coaster: Geht in einen Freizeitpark und fahrt mit so vielen Geschäften wie möglich. ☐

WIR WAREN IN DIESEM FREIZEITPARK:

_ _.

58. Strike a pose: Macht zusammen ein professionelles Fotoshooting. ☐

Das ist unser schönstes Foto:

59. Einmal wieder Kind sein:
Macht eine Kissenschlacht. ☐

60. Film schauen mal anders:
Besucht ein Auto-Kino. ☐

61. Bambi auf dem Eis: Geht
Schlittschuh-/ Rollschuhlaufen.

 ☐

62. Jump, jump, jump: Geht zusammen in eine Trampolinhalle. ☐

63. In neue Welten eintauchen: Geht zusammen schnorcheln. ☐

Hier waren wir schnorcheln:

---------------------------------------.

64. Ice, ice Baby: Baut zusammen einen Schneemann. ☐

65. Bonnie & Clyde oder Barbei& Ken? Geht auf eine Kostümparty und zieht ein Partnerkostüm an. ☐

Wir haben uns verkleidet als:

______________________________.

Fotobeweis:

66. Food is life: Macht zusammen einen Kochkurs. ☐

BEI DIESEN GERICHTEN MACHT UNS JETZT KEINER MEHR WAS VOR:

____.

67. LET'S GET THIS PARTY STARTED: GEHT ZU ZWEIT FEIERN. ☐

68. REIN IN DIE NATUR:
GEHT ZUSAMMEN WANDERN ODER BESTEIGT EINEN BERG. ☐

Hier waren wir wandern/ diesen Berg haben wir bestiegen:

____

69. Karate, Tennis oder Golf? Probiert zusammen eine neue Sportart aus. ☐

DIESE SPORTART HABEN WIR AUSPROBIERT:

____.

BEWERTUNG AUF EINER SKALA VON 1-10: ______.

70. Mit bestem Aussehen zum Millionär werden? Werft euch mal so richtig in Schale und geht zusammen ins Casino. ☐

So viel Geld haben wir gewonnen: ________€.

71. Bier & Ravioli aus der Dose: Geht zusammen auf ein Festival. ☐

Hier ist unser Festival Ticket:

Challenges

72. Die Anleitung hat eh immer recht: Baut zusammen ein Möbelstück auf, ohne euch zu streiten. ☐

DIESES MÖBELSTÜCK HABEN WIR AUFGEBAUT: ____________________.

SO LANGE HABEN WIR GEBRAUCHT: ________________.

73. Say Yes! Sagt einen Tag lang "Ja" zu allem was der Partner sagt. ☐

Das habe ich nur ihr zuliebe gemacht:

____.

Und das habe ich nur ihm zuliebe gemacht:

____.

74. Social Media kann warten:
Verbringt zusammen einen Tag ohne eure Smartphones. ☐

75. Vergesst mal die Bikinifigur:
Esst an einem Tag alles, worauf ihr Lust habt. ☐

DAS HABEN WIR ALLES GEGESSEN: ____________________

____

____.

76. LET'S DANCE: MACHT EIN DANCE-BATTLE. ☐

77. Jeden Tag eine gute Tat:

Kocht zusammen etwas zu Essen und gebt es an Obdachlose. ☐

Das haben wir gekocht: ______________________________

____.

Das waren die Reaktionen: ___________________________

____.

78. Zwei neue Namen im Guinessbuch? Versucht, einen Weltrekord zu brechen. ☐

DIESEN WELTREKORD HABEN WIR VERSUCHT ZU BRECHEN:

______________________________________.

DER REKORD LAG BEI: ______________________________.

DAS WAR UNSER REKORD: ____________________________.

79. Sleepless nights: Macht die Nacht durch, bei einem Filmemarathon (oder anderen Dingen). ☐

DIESE FILME HABEN WIR GESCHAUT: ________________

____

______________________________________.

80. DER NÄCHSTE PICASSO? ZEICHNET EUCH GEGENSEITIG. ☐

Aber da normal ja langweilig wäre: Verbindet euch dabei die Augen.

Ihre Zeichnung:

Seine Zeichnung:

81. ZOCKER AUFGEPASST: SPIELT GEGENEINANDER EIN SPIEL AUF EINER CONSOLE. ☐

Das haben wir gespielt: ________________________________.

Gewonnen hat: ________________.

82. *Mut zur Hässlichkeit: Schickt euch gegenseitig die hässlichsten Selfies – das Hässlichste gewinnt.* ☐

And the winner was: ____________________________.

All around the world

84. Testet eure Überlebenskünste: Geht campen in der freien Natur. ☐

Hier haben wir gecampt: ______________________________
______________________________.

83. GÖNNT EUCH WAS: BESUCHT EUER LIEBSTES REISEZIEL. ☐

Hier waren wir: ______________________________.

85. Hurra, endlich Wochenende! Macht einen spontanen Wochenendtrip. ☐

Hierhin sind wir gefahren/geflogen:

______________________________.

86. TRAVEL ADDICTED? GEHT ZUSAMMEN BACKPACKEN. ☐

Diese Orte haben wir besucht: ____________________

____

____

____

____.

87. Spa Time: Macht gemeinsam einen Wellnessurlaub. ☐

Hier haben wir den Wellnessurlaub verbracht:

____.

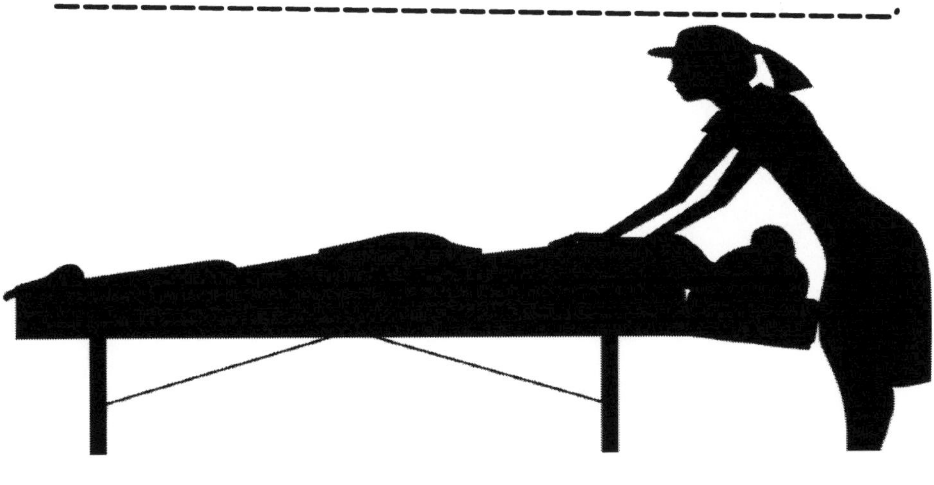

Normal wäre ja langweilig

88. Surprise: Geht ins Kino und lasst den Kassierer entscheiden, welchen Film ihr anschaut. ☐

Hier ist Platz für eure Kinokarte:

Bewertung auf einer Skala von 1–10: ________.

89. Why so serious? Spielt "Wer zuerst lacht" -Mit Wasser im Mund. ☐

Der nasse Gewinner war: ______________________.

90. GUTE LAUNE VORPROGRAMMIERT: ERSTELLT EINE PLAYLIST MIT EUREN GEMEINSAMEN LIEBLINGSLIEDERN. ☐

Unser Nr. 1 Lieblingssong:

______________________.

91. The stage is yours: Performt während der Autofahrt gemeinsam zu euren Lieblingssongs. ☐

92. Das könnte peinlich werden: Spielt "Wenn ich du wäre" in der Öffentlichkeit. ☐

DAS WAR DIE PEINLICHSTE AUFGABE, DIE ER ERFÜLLEN MUSSTE: ________

____

____.

DAS WAR DIE PEINLICHSTE AUFGABE, DIE SIE ERFÜLLEN MUSSTE: ______

____

____.

93. Versteckte Talente? Singt zusammen in einer Karaoke Bar. ☐

Dieses Lied/Lieder haben wir gesungen: ____________

____

____.

94. Let`s match: Erstellt euch Partner T-Shirts und geht damit in die Öffentlichkeit. ☐

Fotobeweis:

95. Mäuschen sag' mal "Piep": Spielt verstecken im Ikea. ☐

Das war ihr bestes Versteck: ______________________________

____.

Das war sein bestes Versteck: ______________________________

____.

96. STELLT EUER MODEGESCHICK UNTER BEWEIS: GEHT ESSEN UND LASST DEN PARTNER DAS OUTFIT ENTSCHEIDEN. ☐

Ihre Bewertung ihres Outfits auf einer Skala von 1-10:

__________.

Seine Bewertung seines Outfits auf einer Skala von 1-10:

__________.

97. Say Cheeeeese: Macht lustige Bilder in einer Fotobox. ☐

Hier sind unsere Fotos:

Aufgaben der anderen Art

98. Save some money: Kauft euch ein Sparschwein und spart Geld für etwas Schönes. ☐

Hierfür haben wir das Geld ausgegeben: ____________

____.

So viel Geld haben wir gespart: ____________________.

99. Brief verschicken mal anders: Verschickt eine Flaschenpost. ☐

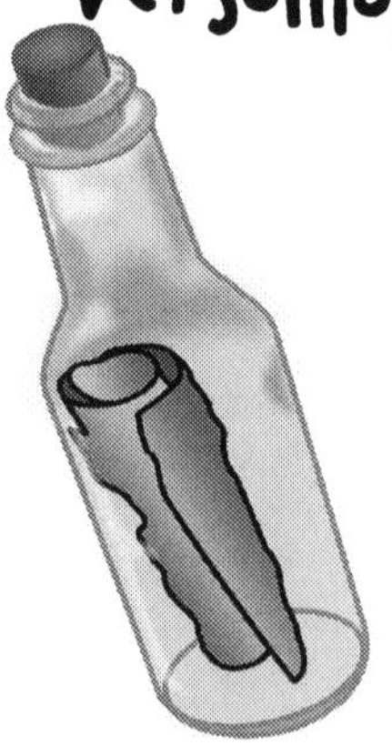

100. Haltet eure schönsten Momente fest: Gestaltet ein eigenes Fotoalbum. ☐

101. Nach Schätzen graben: Vergrabt eine Erinnerungskiste für eure Kinder. ☐

~~NO~~ DRUGS ALLOWED

102. Treffsicherheit und Trinkfestigkeit sind gefragt: Spielt Bierpong gegeneinander. ☐

And the winner was: ______________________.

103. Holländische Kultur genießen: Fahrt nach Holland und konsumiert typisch holländische Spezialitäten. ;) ☐

104. Alle Lampen an:
Betrinkt euch gemeinsam mal so richtig. ☐

105. Der Preis muss sich ja auch lohnen:
Betrinkt euch bei einer Bier-, Gin- oder Weinverkostung. ☐

Wir waren bei dieser Verkostung:

______________________________.

YOU GOTTA DO, WHAT YOU GOTTA DO

106. I wanna spend my life with you: Plant gemeinsam eure Zukunft. ☐

107. Behaltet eure Ziele fest vor Augen: Kreiert gemeinsam ein Vision Board. ☐

108. Euer eigenes Zuhause: Kauft oder mietet zusammen ein Haus oder eine Wohnung. ☐

109. Hund, Katze, Maus: Schafft euch ein Haustier an. ☐

Name: ____.

Foto:

110. Ja, ich will: Heiratet. ☐

Unser schönstes Hochzeitsfoto:

111. Mini-Me incoming: Bekommt ein Kind/Kinder. ☐

Name: ______________________________.

Foto:

Name: ________________________________.

Foto:

Name: ______________________________.

Foto:

Unsere eigene Bucket List

Lasst eurer Kreativität freien Lauf!

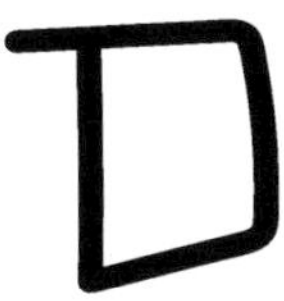

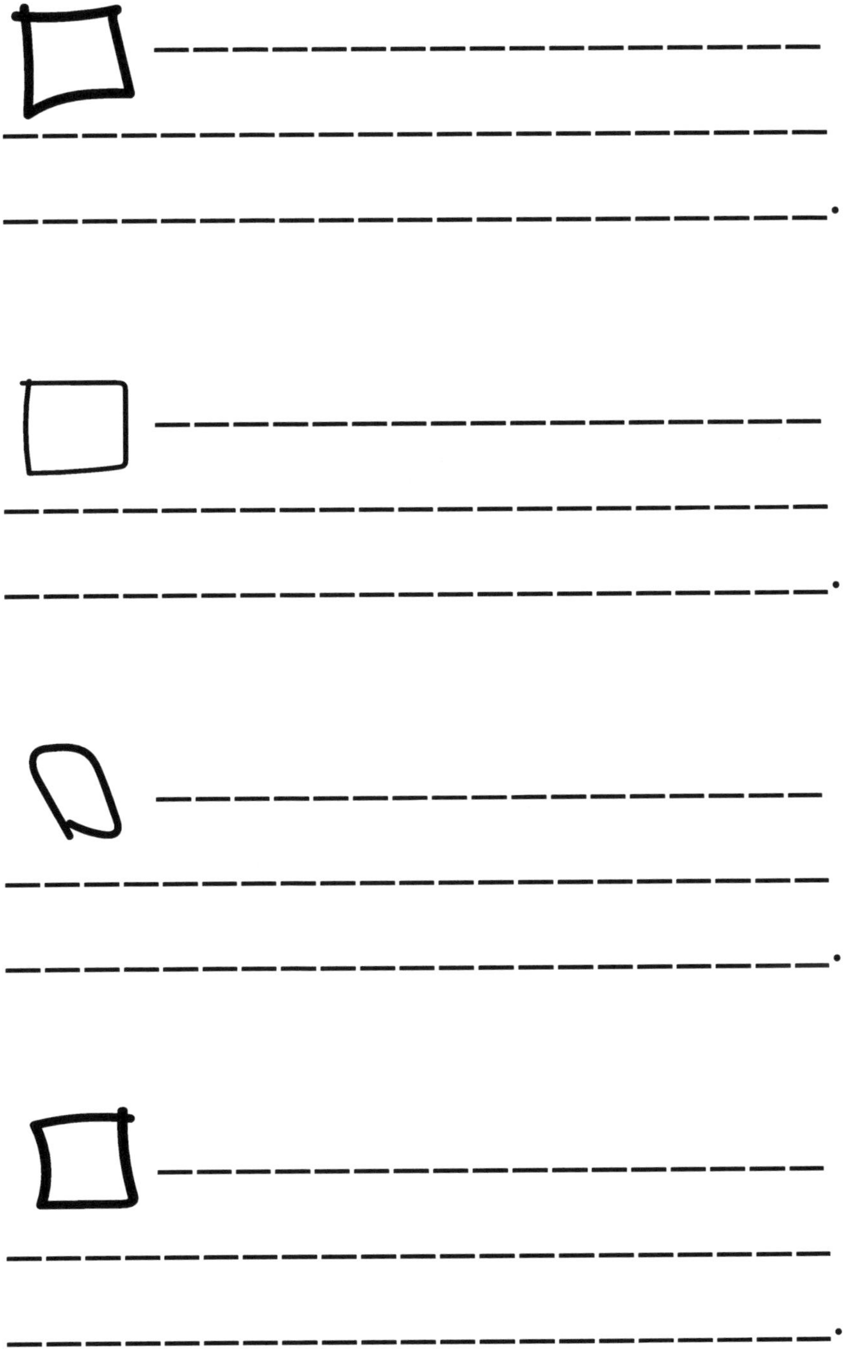

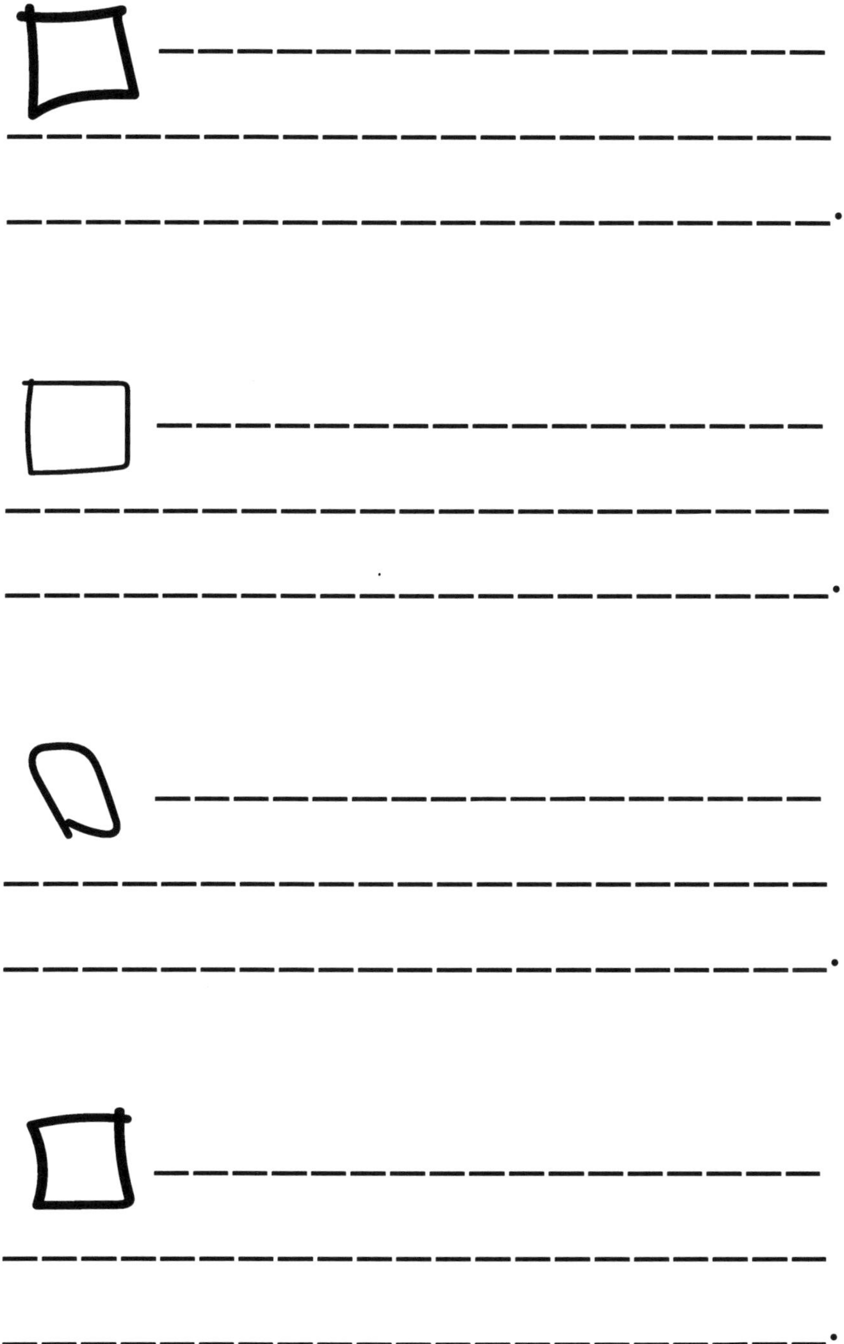

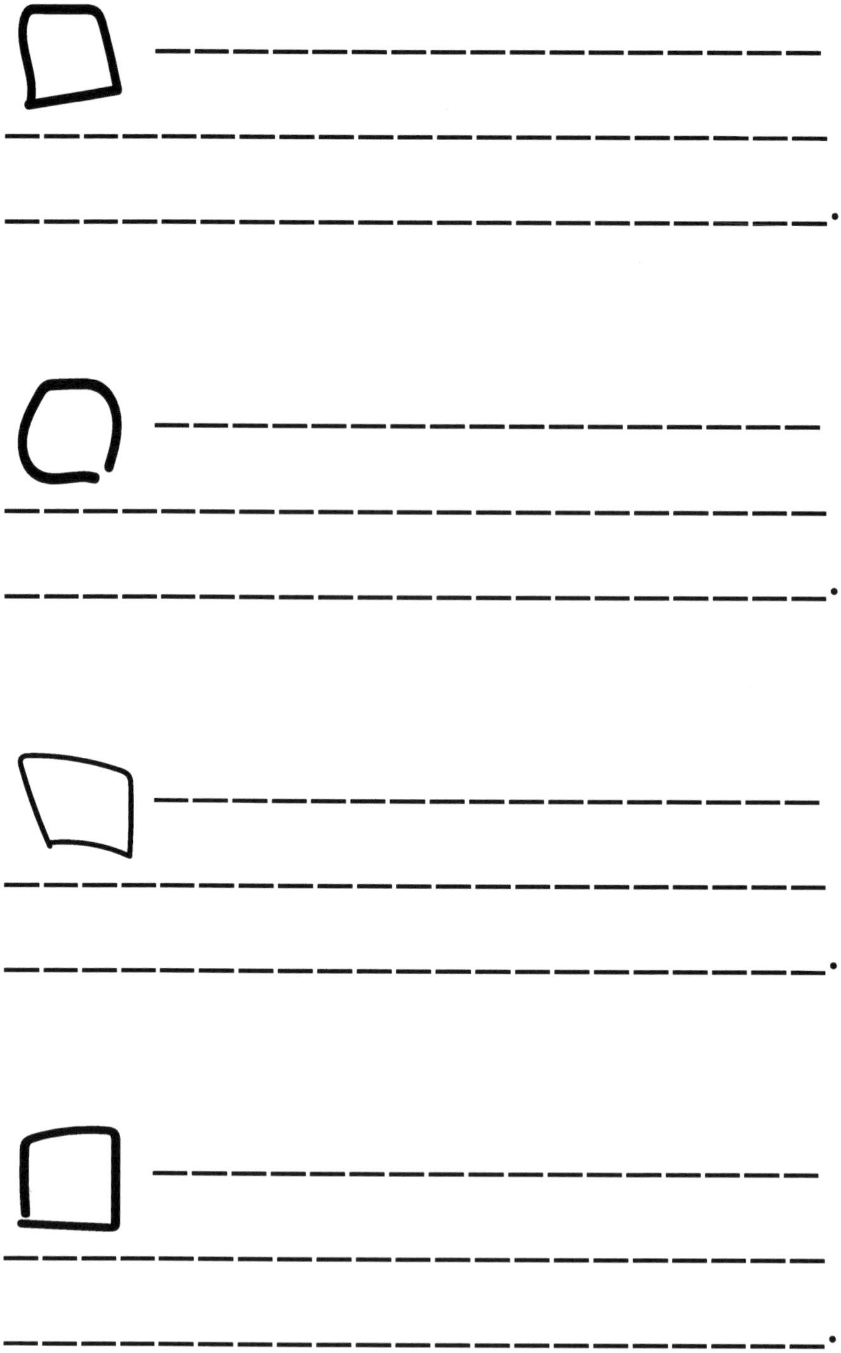

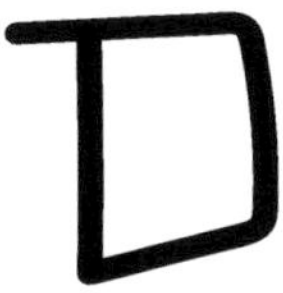

☐ ______________________

____

__________________________.

☐ ______________________

____

__________________________.

☐ ______________________

____

__________________________.

☐ ______________________

____

__________________________.

HAFTUNGSAUSSCHLUSS

Dieses Buch enthält Meinungen, Ideen und Tipps von dem Autor und beabsichtigt, den Lesern unterhaltsames und hilfreiches Wissen zu vermitteln. Die erhaltenen Anleitungen, passen möglicherweise nicht zu jedem Leser und gibt es auch keine Garantie dafür, dass sie bei jedem funktionieren. Die Benutzung dieses Buchs und die Umsetzung der darin ausgearbeiteten Informationen erfolgt ausdrücklich in eigener Verantwortung und Risiko. Das Werk, inklusive aller Inhalte, gewährt keine Gewähr oder Garantie für Korrektheit, Vollständigkeit, Qualität oder Aktualität der zur Verfügung gestellten Informationen. Fehlinformationen oder Druckfehler sind nicht vollständig auszuschließen.

Ebenso ist eine Haftung der Autoren bzw. des Verlags und seiner Beauftragten für Personen, Sach- oder Vermögensschäden ausgeschlossen.

Printed in Poland
by Amazon Fulfillment
Poland Sp. z o.o., Wrocław

54704019R00054